U0288349

本书灵感源自于我们在自己的城市寻找野生动物的经历。无论你是住在城市还是乡村，都可以找找身边的野生动物，做些什么让我们和这些邻居和谐共处。

献给我（时不时淘气）的侄女，苏菲和克洛伊。—— 本·勒维尔

献给我的父母，他们是野生动物观察爱好者，也是我最坚实的后盾。
—— 哈里特·霍布迪

每个生命都重要

身边的野生动物

[英]本·勒维尔 著
[英]哈里特·霍布迪 绘 江彦慧 译

中信出版集团 | 北京

地球上有各种各样的城市。有些城市很现代化，有些历史很悠久；有些城市的天气热得人汗流浃背，有些则冻得人瑟瑟发抖；有些城市有窄窄的小路和熙熙攘攘的集市，有些有宽阔的大道和亮闪闪的摩天大楼。这些城市都十分拥挤，未来会更加繁忙。如今全球的城市人口有几十亿，这个数字每年都在增长。

可住在城市里的并非只有人类。随着城市面积不断扩大，越来越多的动物不得不在城市安家。有些动物是因为它们在乡村地区的栖息地面积越来越小，甚至消失不见了。还有一些动物住在城市里是为了躲避猎人和天敌的追捕。有时，靠着房屋与人类比邻而居是动物们寻求庇护、取暖、觅食的最好选择。

这就是为什么如今你可以在城市里看到各种各样意想不到的动物。这些“市民”有的栖息在高楼之上，有的潜行于小巷之中，有的躲在树上侦察四周。从匍匐前进的爬行类到不可思议的哺乳类，形形色色的动物都在不断学习如何与人类共存。快仔细观察，看看我们的城市里都有什么野生动物。

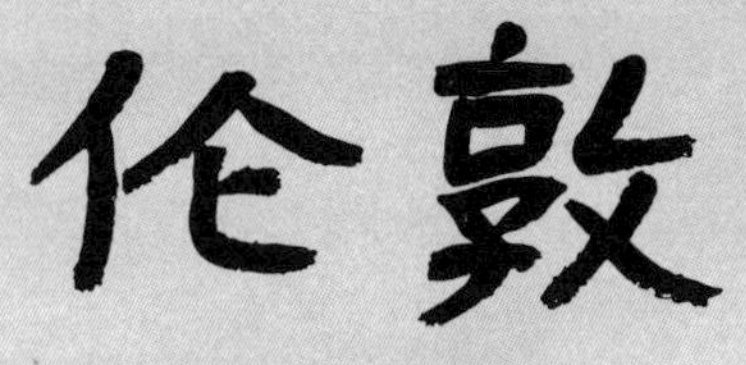

伦敦

伦敦是一座川流不息的大都市。若能从这座英国的首都上空飞过，便能看到一辆辆黑色出租车和大红巴士，还有一艘艘喷着蒸汽的船。王宫殿宇错落有致，博物馆、剧院星罗棋布，街上行人步履匆匆。泰晤士河流经城市的中心，地下铁道上满载着乘客的列车呼啸而过。伦敦有超过 800 万的人口，但人类并非这里唯一的居民。

伦敦由罗马人在大约两千年前建立，发展至今，不断吞并周围的乡村，包括一些野生动物的栖息地，所以它们也成了伦敦居民。

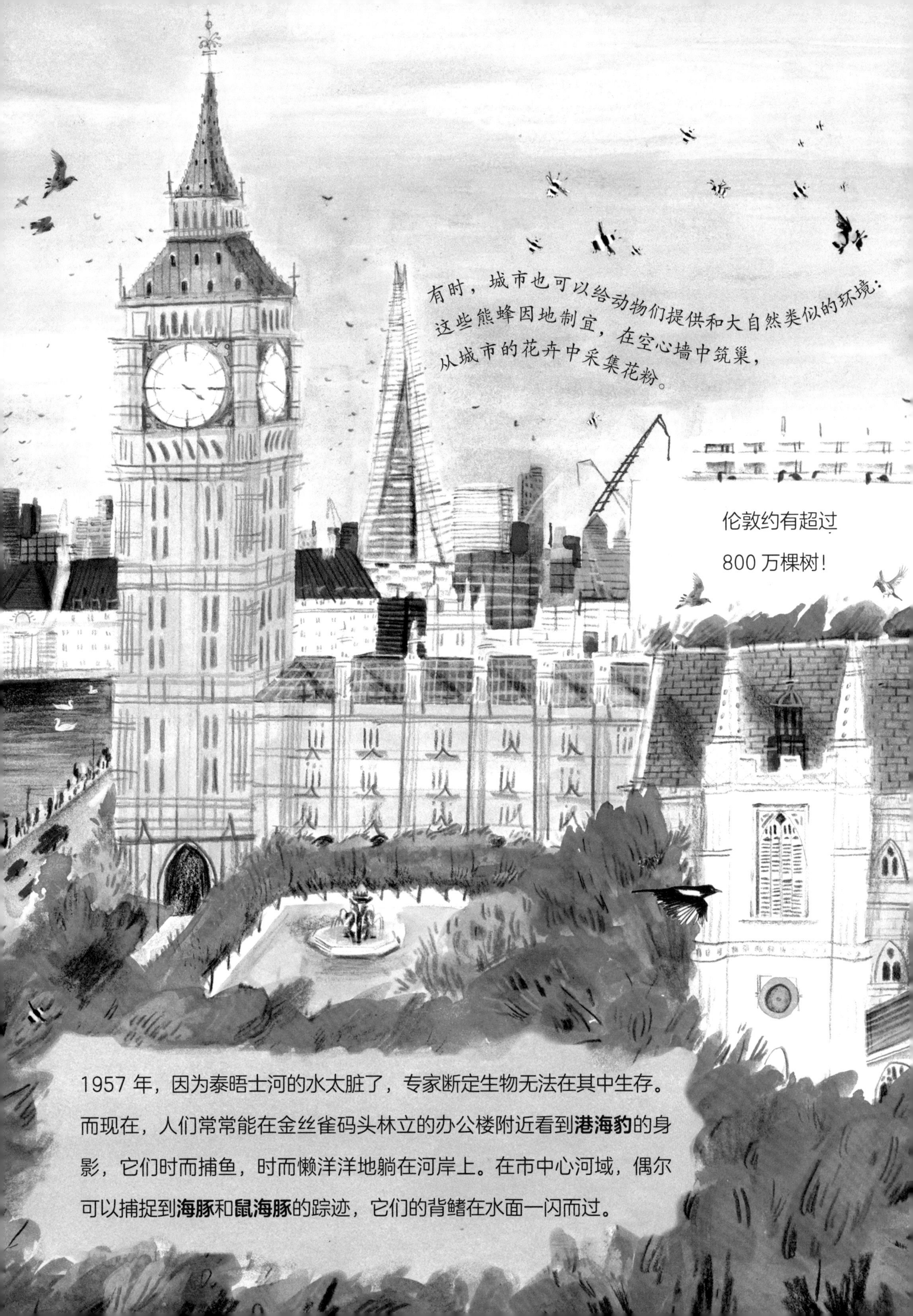
有时，城市也可以给动物们提供和大自然类似的环境：
这些熊蜂因地制宜，在空心墙中筑巢，
从城市的花卉中采集花粉。
伦敦约有超过
800 万棵树！
1957 年，因为泰晤士河的水太脏了，专家断定生物无法在其中生存。
而现在，人们常常能在金丝雀码头林立的办公楼附近看到**港海豹**的身影，它们时而捕鱼，时而懒洋洋地躺在河岸上。在市中心河域，偶尔可以捕捉到**海豚**和**鼠海豚**的踪迹，它们的背鳍在水面一闪而过。

伦敦的狐狸十分有名，它们跑得快，又狡猾。20世纪 30 年代，人们首次在市区发现了它们。自那以后，狐狸们就适应了伦敦的生活。聪明的狐狸知道晚上过马路比白天更安全。它们几乎什么都吃，垃圾、鸽子、昆虫、变质的蔬菜，甚至连骨头和发霉的芝士都行。它们也抓老鼠，让伦敦市里的老鼠不至于过分猖獗。

狐狸也很有冒险精神。碎片大厦是伦敦最高的大楼，在大楼修建的过程中，工人们发现竟有一只狐狸在七十二层楼安了家！

游隼的飞行时速可高达 320 千米，几乎和 F1 赛车一样快！在乡野，这些猎手喜欢栖息在悬崖峭壁上；而在伦敦，它们爱在国会大厦这样的高楼顶上筑巢，方便它们俯冲下去捕猎城市里的其他鸟儿，比如鸽子、鸥和椋鸟。

伦敦地铁错综复杂，像个迷宫，里面住着**大鼠**、稀有种**蚊子**和大约 **50 万小鼠**。这些小鼠又叫“管鼠”，它们住在地下通道里，想要存活就得克服种种困难。它们在铁轨上四处觅食，每隔几分钟还要注意在头顶轰隆隆驶过的列车。

里士满公园里骑自行车和慢跑的人很多。不过，要是往树林和草坪看去，你也许会看到一双鹿角、一条小尾巴和一双大大的眼睛……有好几百只**红鹿**和**黇鹿**住在里士满公园呢！你看到的就是其中之一。17 世纪，国王查理一世下令用砖墙把公园围起来，又往公园里引进了两千只鹿供打猎用。现在已经没有人在这里打猎了，鹿儿可以悠闲漫步，吃吃草，嚼嚼低处的枝叶。

碧绿羽毛鲜红喙，这种充满异域风情的**红领绿鹦鹉**，一般在非洲和亚洲才比较常见，但伦敦却有几千只。没人知道它们是从哪儿来的，如今这些鸟儿已经习惯了伦敦寒冷的天气。

这些漂亮的**锹甲**在很多地方已经快绝迹了，却在伦敦得以繁衍生息。锹甲在公园和花园枯死的树木里快乐地生活。这也告诉我们保护原生态环境是多么重要。

东京

东京就是城市丛林的终极形态：钢筋水泥的世界里，人流不息，灯火通明。可真是这样吗？仔细一看，你会发现这个快节奏的日本首都另有玄机。隐秘的角落数不胜数，青枝绿叶之多令人惊叹。住在这里的可不止人类。

普通鸬鹚是东京的日常一景，它们或站在电线上，或栖息在公园里，或在港口晒羽毛。东京的水质比以往好很多，适合它们栖息。

渔民可不喜欢鸬鹚——
这些鸟儿的捕鱼本领好过了头！

大嘴乌鸦深谙城市生存之道。它们知道在哪家餐厅外能等来最美味的残羹剩饭，也知道如何转移宠物狗的注意力，然后偷吃它们的食物。在仙台，乌鸦学会了在绿灯亮起时往马路上扔下坚果，让往来车辆帮它们把果壳压开。随后，乌鸦就到人行道上安全地等待收集果仁。

柏林

柏林一片生机勃勃。这座德国的首都城市规模宏大，历史悠久，有华丽的宫殿，热闹的广场，繁华的百货商店。柏林也是欧洲绿化最好的城市之一，公园、森林、沼泽覆盖了城市超过 30% 的面积，这儿有许多有趣的野生动物。

柏林有许多“绿色走廊”，茵茵小道连接着很多绿地，成为城市的脉络和动物们的通道。现在，柏林市里的狐狸窝数量比森林里的还要多。有时候，这些**城里狐狸**胆子可大了，有人竟看见它们搭乘地铁！

你可能觉得奇怪，野生动物居然会觉得城市比乡村安全，不过有些情况下确实如此。在乡村的某些地区，依然有人打猎，但在城市里就很少见了。

苍鹰是柏林天空的王者。

苍鹰是悄无声息的杀手，瞄准猎物，一击必中。柏林是全世界苍鹰数量最多的城市，这里有那么多动物供它们捕猎，有那么多树木供它们栖息。苍鹰可以在半空中抓住鸽子和乌鸦！你可能会在滕珀尔霍夫公园看到它们，这公园是由柏林的一个旧机场改造过来的。

除了公园之外，柏林的绿地还有成千上万的社区园圃，人们在里面种植果蔬。这也吸引了很多野生动物前来，至于园圃主人乐不乐意就另说了！

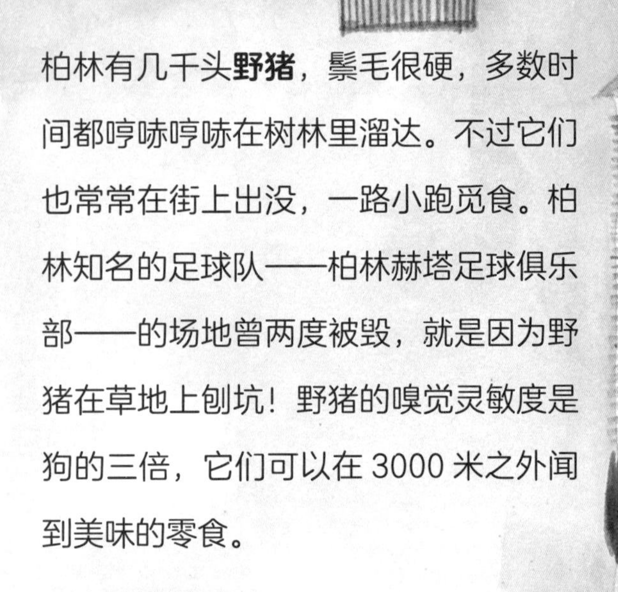

柏林有几千头**野猪**，鬃毛很硬，多数时间都哼哧哼哧在树林里溜达。不过它们也常常在街上出没，一路小跑觅食。柏林知名的足球队——柏林赫塔足球俱乐部——的场地曾两度被毁，就是因为野猪在草地上刨坑！野猪的嗅觉灵敏度是狗的三倍，它们可以在 3000 米之外闻到美味的零食。

有些野生动物已经和人类做了几百年的邻居，有些才刚开始和人类相处。**石貂**跑得很快，一般住在山林间。因为像柏林这样的城市持续扩张，它们不得不适应新环境。石貂并非人见人爱，它们会用利齿咬断汽车里的缆线。这是因为动物通过尿液来标记领地，如果一只石貂闻到了车上有另一只石貂的尿液味道，它就会攻击这辆车！

这些动作敏捷、留着小胡子的**浣熊**来自北美，它们是怎么在柏林大量繁殖起来的呢？过去，浣熊毛大衣曾风靡一时，所以德国的毛皮商往本国引入了浣熊。有一些被放走当作猎物。可在1945年的时候，一枚炸弹炸飞了一座毛皮兽场，更多的浣熊逃进了林子里。现在，德国有近一百万只浣熊。浣熊能够自己打开垃圾桶的盖子，甚至还能拧开门把手！

浣熊随处可见。有一只居然在一家豪华酒店的地下车库住了一年半！

1961—1989年间，柏林被一分为二，民主德国、联邦德国被一道墙分开，墙的两边是不同的政府。人们想要穿越柏林墙需要特别许可，可没人通知柏林的兔子呀！几千只**穴兔**生活在柏林墙附近的空地上，它们的洞在地底，所以基本没受打扰。如今，这些穴兔需要穿过危险的马路。不过，在德国一些区域有专门为野生动物建的天桥。

悉尼

悉尼是澳大利亚最古老的城市，有蓝蓝的天空，长长的海滩，深深的海港。海面上，船只驶过留下阵阵涟漪；公园里，游客们拍照留念；树林间，鸟儿们舞姿翩跹。悉尼歌剧院傲立海边。悉尼十分宜居，大大小小的动物也在这里安了家，有的藏身于塔楼里面，有的隐匿于港口之中，有的散布在沿海地区。

有时我们很容易忘记，动物是不明白什么叫作城市边界的。我们或许认为高楼、公园、道路是人类的“领地”，可是动物只把这些地方当作它们需要适应的不同环境。和人类一样，动物也在竭尽全力寻找适合自己的生活方式。

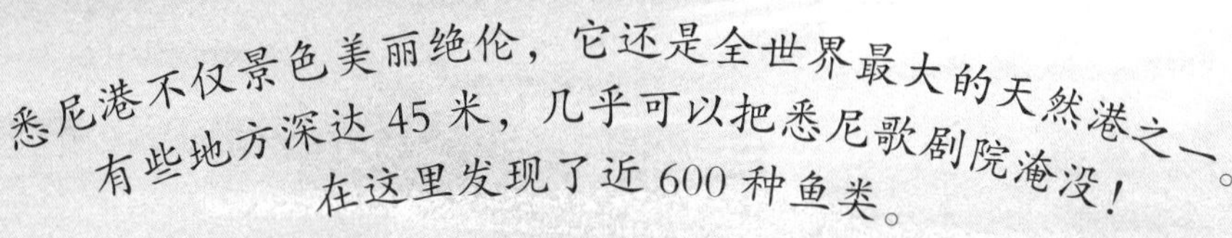

悉尼港不仅景色美丽绝伦，它还是全世界最大的天然港之一。
有些地方深达 45 米，几乎可以把悉尼歌剧院淹没！
在这里发现了近 600 种鱼类。

有时还能在悉尼港看到鲨鱼，最常见的一种叫**公牛鲨**，早在悉尼建城之前就在这儿的海港捕鱼了。如果你从悉尼东部的海滩望出去，也许可以看到海里的巨型动物。每年 5 到 8 月，会有数千头**座头鲸**从南极洲出发，一路向北游经悉尼港，朝北部的热带水域进发。有时你还能看到**宽吻海豚**的身影从海浪间闪过。

悉尼歌剧院每年都吸引数百万游客前来，其中一位是一头野生**非洲毛皮海狮**，自 2014 年起就时常来访，它会爬出海面，趴在海边的台阶上晒日光浴。

悉尼歌剧院坐落于名叫本尼龙角的岬角上，所以这位肥嘟嘟的客人就被叫作“本尼”啦！

说起澳大利亚的野生动物，你肯定会想到它：大大的尾巴，长长的腿，跳得特别远。**东部灰大袋鼠**经常在城郊的公园里吃草；**小袋鼠**和东部灰大袋鼠很像，但体形更小，出没于悉尼附近的丛林。东部灰大袋鼠和小袋鼠通常会远离城市繁华的地段，不过偶尔也会吓人一跳。2018 年，人们就目击了一只雄性**黑尾袋鼠**蹦跶着穿过悉尼港桥。

悉尼的猛鹰鸮是名副其实的凶猛，
它们在夜空中极速飞行寻觅猎物。

在乡村，猫头鹰会为了觅食飞越数千米。而在悉尼，它们的活动范围不需要那么大，因为它们知道附近就能找到食物。这对**负鼠**来说可是个坏消息，因为**猛鹰鸮**每晚的食量大约就是一只负鼠！

在悉尼很可能会看到**刷尾负鼠**，和猫一般大小，支棱着耳朵，攀爬本领高超。它们的栖息地大部分都被改造成了住房和办公楼，所以它们只能适应城市的生活。如今刷尾负鼠常在人类屋顶上安家，从花园里找灌木枝叶吃。它们有人恨，有人爱。**环尾负鼠**也住在悉尼。它们可以用尾巴卷住树枝。还有**蜜袋鼯**，它是小型爬树能手，前腿和后腿间有翼膜，可以帮助它们在空中滑翔超过 50 米。

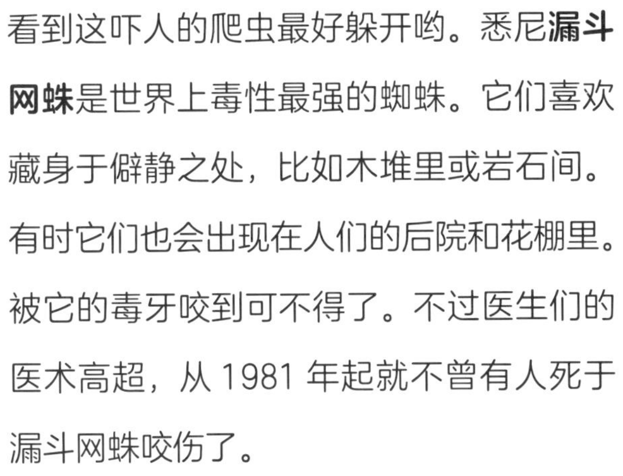

看到这吓人的爬虫最好躲开哟。悉尼**漏斗网蛛**是世界上毒性最强的蜘蛛。它们喜欢藏身于僻静之处，比如木堆里或岩石间。有时它们也会出现在人们的后院和花棚里。被它的毒牙咬到可不得了。不过医生们的医术高超，从 1981 年起就不曾有人死于漏斗网蛛咬伤了。

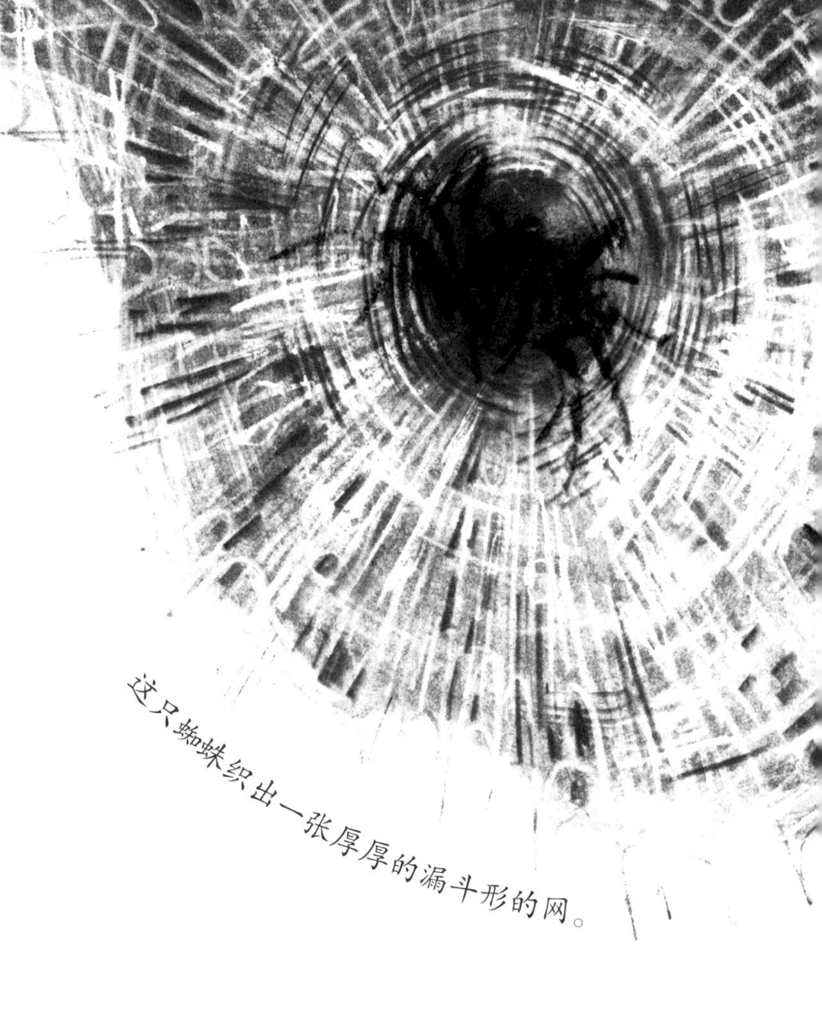

这只蜘蛛织出一张厚厚的漏斗形的网。

狐蝠不是狐狸，而是蝙蝠。悉尼有好几种狐蝠，这些毛茸茸的哺乳动物白天在树林里休息，傍晚飞出来找花和水果吃。如果白天太热的话，聪明的狐蝠知道怎么降温：它们会贴着水面飞行，把腹部蘸湿，然后舔舔绒毛上的水珠。

华沙

华沙很大，城市里藏着五花八门的景观和秘密。这座波兰的首都可以让人逛上好久。无论晴天还是下雪，宽阔的维斯瓦河奔腾不息，流经高耸的宫殿、古老的图书馆、热闹的小巷。波兰是数千种动物的家，许多动物都喜欢住在生态更好、绿地更多的地方。

约 200 只红松鼠住在
华沙皇家瓦津基公园。
有那么多红松鼠的原因之一是
当地人喜爱投喂它们，
它们不太会饿着。

一派自然好风光的坎皮诺斯国家公园就在华沙附近，所以住在森林里的动物时不时会光临华沙。**野生驼鹿**常会去城郊转一转，有的还会去河里游泳呢！有些年轻的雄鹿似乎是被它们的母亲赶了出来，要自力更生寻找领地。华沙绿草丰茂，足够驼鹿吃的，但是交通和噪声会吓得年轻的驼鹿惊恐逃窜。专业的护林员会把它们抓住，送回树林里。

林中来客可不止驼鹿一种，人们开车途经城郊，偶尔会看到**狼**鬼鬼祟祟的身影。

波兰有 100 多种哺乳动物，有迷你的**小林姬鼠**，也有高大的**棕熊**。多种多样的动物提醒我们，无论住在哪里，无论城市规模有多大，人类也不过是无数生灵中的一员罢了。

每年夏天，人们都会去维斯瓦河边晒日光浴，但并非所有人都知道他们还有别的“邻居”。华沙地区有超过 50 只**欧亚河狸**，这些动物牙齿锋利，十分聪明，会啃咬柳树和白杨树的树叶、树皮和树枝，然后带回自家水下的特制仓库里。

人类的行为会给动物带去灾难，也可以带去帮助。2011 年，华沙清理了维斯瓦河中央的小岛。这对在沙堆上筑巢的**普通燕鸥**和**小燕鸥**来说棒极了。这些候鸟想要远离高楼和人类，待在平静的河中央就很不错。这些美丽的小鸟有的比一个网球还轻，却能每年飞越数千千米！

让全世界最高的人躺在地上，**白尾海雕**的双翅展开就和那个人一样长！这种巨型猛禽是波兰的国鸟，波兰运动员的上衣上就印着白尾海雕的图样。它们一般生活在野外。但到了冬天，森林里的湖泊溪流结冰以后，它们就会飞来维斯瓦河捕鱼。维斯瓦河没那么快结冰。**鸭子**和**红嘴鸥**也喜欢华沙，它们是老鹰喜爱的猎物。

远处一抹身影，
林间一闪而过，
或许你永远看不清**猞猁**的模样，但它们就在那里。

这种漂亮的野生尖耳朵大猫一度在华沙郊外绝迹，不过 20 世纪 90 年代，野生动物专家再度往坎皮诺斯国家公园引入了猞猁。之后，这些大猫就在这里繁衍生息，它们数量不多，以狐狸和兔子为食，还能一蹦近两米高去半空抓鸟！坎皮诺斯国家公园是一个大型自然保护区，当地人很喜欢去那里骑行、爬山。而猞猁喜欢离人类远远的。

开普敦

开普敦是个特别的地方。这座瑰丽的南非城市面朝大洋。桌山高耸，野生动物各种各样。从一个小小的码头，到如今的“母亲之城”，开普敦是南非最古老、最富有野性的城市。

6月至11月间，
在开普敦的你或许有幸看到南露脊鲸
沿着海岸畅游的身影。
这里的海域水温适宜，
对南露脊鲸宝宝来说特别舒服。

岩蹄兔藏在桌山山脊间，
它们又叫“蹄兔”。
这种毛茸小可爱的近亲居然是大象！
岩蹄兔喜欢
以山上的植物为食。

说起来奇怪，自 20 世纪 80 年代起，濒危的**黑脚企鹅**就在开普敦繁衍生息了，它们住在一个避风湾里。黑脚企鹅现在已经是开普敦广受喜爱的居民，当地人帮助它们保护巢穴。有时它们得爬爬楼梯，过几条马路才能到海边，然后就能开始一次长达约 100 千米的捕鱼之旅啦！

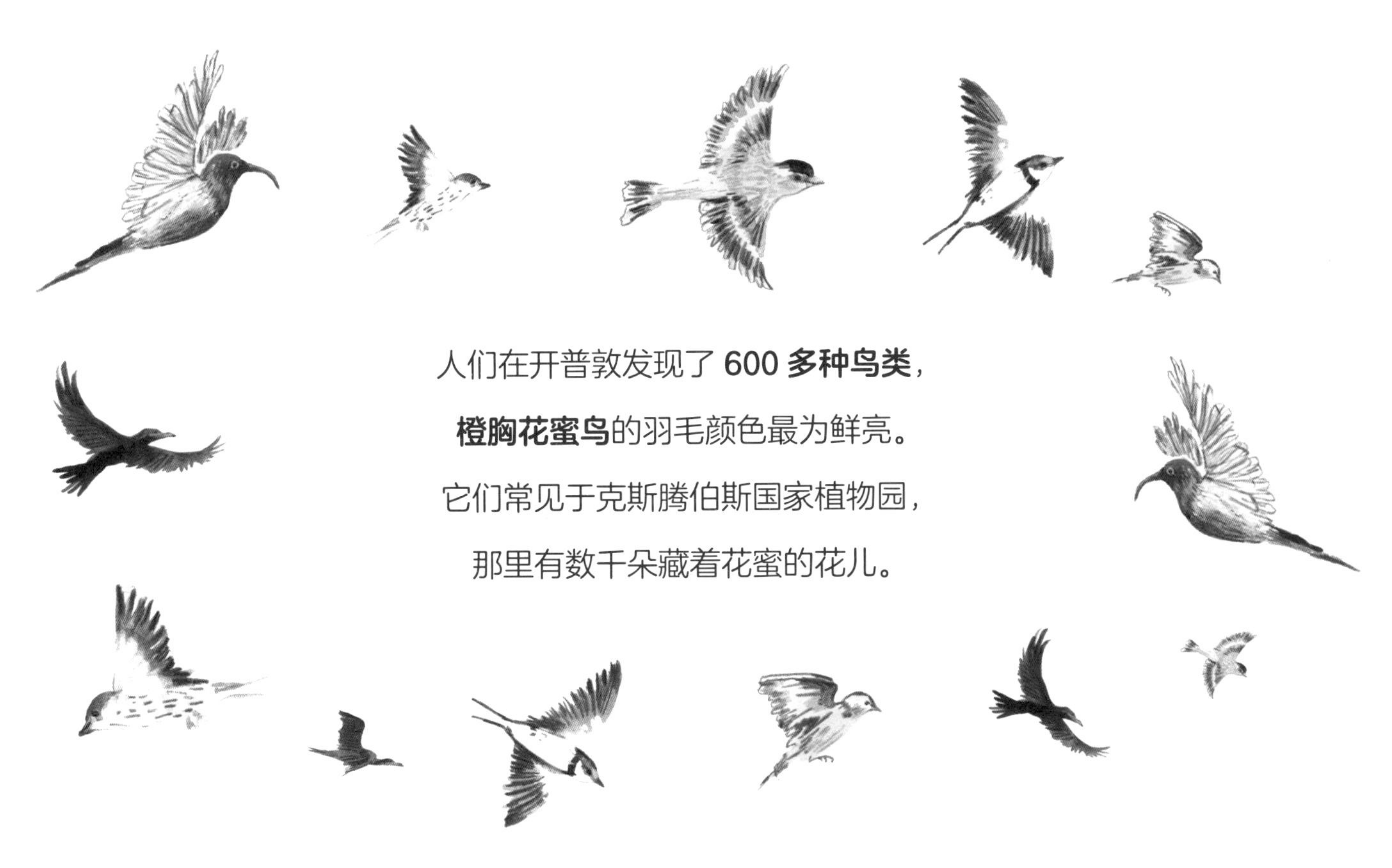

人们在开普敦发现了 **600 多种鸟类**，

橙胸花蜜鸟的羽毛颜色最为鲜亮。

它们常见于克斯腾伯斯国家植物园，

那里有数千朵藏着花蜜的花儿。

你可拦不住饥饿的**豚尾狒狒**找吃的，它们老觉得饿！它们会往车里爬，偷购物袋，甚至溜到人们的家里。开普敦地区有几百只豚尾狒狒，人们正在学习怎么和它们和平相处。

在港口懒洋洋躺着的**非洲毛皮海狮**是开普敦一景。大大的眼睛，柔软的毛皮，看上去可温顺了，其实它们的牙齿十分锋利。离岸几千米处的锡尔岛上住着 60 000 多只海狮。海岛附近常有**大白鲨**出没，它们想要捕捉海狮大餐一顿！

纽约

纽约的路上行人步履匆匆，黄色出租车川流不息，摩天大楼高耸入云，有喧嚣的音乐，有轰隆隆飞驰而过的地铁，还有汽车喇叭的嘀嘀声，这一切的一切都把你包围。你能闻到刚出炉热狗的香气。无论走到城市的哪个角落都有惊喜……纽约客可不光只有人类。大楼上、小巷里、树林中的飞禽走兽都昭示着这座美国大都市野性的一面。

离灯火通明的纽约市不远就能看到 25 吨重的**座头鲸**，这听上去也太不可思议了。纽约市周围的海水曾经污染严重，现在就干净多啦。人们常常看到这些温顺的大家伙沿着纽约海岸你追我赶。它们喜欢吃一种银光闪闪的鱼，叫**大西洋油鲱**。新的法律出台保证了油鲱数量的增加。

1858 年，中央公园首次对外开放，园里的树木植被来自世界各地，有些鸟儿也是异国来客。19 世纪 90 年代，有个人把 100 只左右的**紫翅椋鸟**放进了公园。现在北美共有 2 亿只紫翅椋鸟，全部是那 100 只的后代！除此之外，人们还在中央公园里发现了 200 **多种其他鸟类**，包括**红腹啄木鸟**、**北美主红雀**、**红翅黑鹂**。

如今，纽约是全美第一大城市。而在几百年前，这片土地却几乎被橡树林和栗树林所覆盖。林间河畔住着狼、河狸和熊。

中央公园的龟池里住着 5 种龟。纽约肯尼迪国际机场附近也住着**龟**，它们会在沙土里产卵。有时因为龟爬到了飞机跑道上，航班不得不推迟起飞！最初来到中央公园的龟可能是由人放生到野外的宠物龟。放生有风险，因为外来物种会对当地的动物造成威胁。

在纽约，放生龟不是最稀奇的。1935 年，有一条住在下水道里的鳄鱼登上了新闻！

繁华城市产生的热量可以帮助动物生存。城市因为有楼房、交通工具和人类，一般来说比郊外温暖。在寒冷的冬天，哪怕一丁点儿的温暖对动物来说都很重要。

老鹰之类的猛禽通常喜欢在大树顶端筑巢，但在纽约，有些**红尾鵟**学会了在更高的地方筑巢。最有名的是一只绰号叫“白面男”的雄鵟。它的巢筑在第五大道的一栋大厦上，离地面有十二层楼那么高。有人试图把它的巢弄走，民众十分不满。所以它的巢穴保留了下来。在如今的纽约，人们依旧能够看到红尾鵟在高空飞翔，寻找体形更小的鸟儿等动物为食。

臭鼬的黑白条纹看上去十分漂亮，可一旦受到惊吓，它们就会从尾部喷出刺鼻的液体。这股恶臭可不得了，若是沾上你的衣服，衣服或许就不能要了！早在纽约的摩天大楼落成之前，臭鼬就生活在这儿了。如今，它们可以在城市各处找到果实、蛋、小型动物之类的美餐。

纽约市景举世闻名。漫画里的哥谭市就是以纽约为原型，那里住着蝙蝠侠，那纽约多处都有蝙蝠似乎也不奇怪了。纽约有 9 种蝙蝠，包括小巧的**小棕蝠**和锈红色皮毛的**赤蓬毛蝠**。它们大多只在夜间出没，食物是人类讨厌的蚊虫。有的蝙蝠能在短短一小时里吃掉 500 只蚊子！

纽约人口约 850 万，听上去很多吧？但纽约可是有 **16 亿只铺道蚁**呢！它们喜欢在路面砖石下产卵，养育幼虫，因为那里足够温暖。它们相当擅长寻找人类的食物残留，通过触角互相沟通。

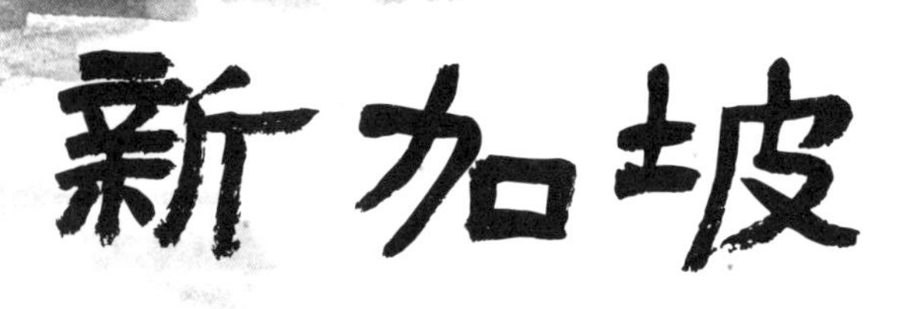

新加坡

新加坡是一个岛屿城市，几个世纪以来吸引着世界各地的游客，也是一个国际化的港口。如今这个现代的亚洲城市办公楼、购物中心林立，融合了多种信仰和文化，还有一些神奇的野生动物。

20 世纪 70 年代，**水獭**这种哺乳动物一度在新加坡销声匿迹，而今有十个水獭家族住在这里，尽情玩耍、捕鱼，这是因为水道、运河变干净了。它们学会了心平气和地与人共处，常常穿过热闹的公园，甚至在桥和路底下安家。这些城里的水獭家族比乡村里的规模更大，说明它们在城里生活得不错。

看！这是**冠斑犀鸟**。尾羽长长嘴弯弯，它的嘴上还有一个盔突。这种引人注目的大鸟曾在新加坡灭绝过，市政府为它们搭建了特殊的盒子作巢。现在这些犀鸟有时会造访人们的阳台。

爪哇八哥是作为宠物在约 100 年前引进新加坡的，现在它们处处可见。为了驱逐它们，市政人员曾经在树枝上涂了辛辣的凝胶。但这些聪明的鸟儿会把树叶垫在脚下，不为所动。这些聒噪的鸟儿什么都吃，有些甚至会在繁忙的路口等待垃圾车驶过！

小白鹭通常生活在野外。新加坡不断扩张，这些雪白的鸟儿意识到城市浅浅的排水明沟里也能找到食物。

性情温和，慢慢吞吞，漂亮的鳞片像松果一样排列得整整齐齐，**马来穿山甲**深受人们喜爱。新加坡的穿山甲住在森林里，但有时会迷路跑到大楼里去。专业的野生救护员会帮助它们回家。

巴黎

在巴黎，爱人们手牵着手散步，汽车一颠一颠开过鹅卵石路，面包店里的香气在空气中弥漫开来。埃菲尔铁塔高高耸立如同巨人。这是一座独一无二的城市。巴黎的游客数量几乎年年在全球城市中排名第一。除了那些知名景点，这座法国的首都其实另有乾坤。快来仔细观察，低头看看河床，抬头瞧瞧屋顶，你会发些城市中也有一些富有魅力的野生动物。

和全世界的很多城市一样，巴黎也是**“鸽”**满为患。它们随处可见，轻啄地面，扑棱翅膀，随处排便，咕咕直叫。该怎么对付这些鸽子呢？人们争论不休。有些人不喜欢鸽子，因为它们可能携带病菌，还破坏楼房。有的则认为人能住在巴黎，那鸽子也可以。城里的鸽子是野生原鸽的后代。它们的祖先家住山间、悬崖。而巴黎的鸽子则出没于屋顶、雕像、墙壁、窗沿。历史上，鸽子为人类做出了不朽的贡献——一战和二战期间，人们靠鸽子传递重要信息。鸽子飞越千里，完成使命。

巴黎有好多嗡嗡的**蜜蜂**，有1000多个蜂巢。蜜蜂在巴黎可开心了，因为这里花儿多多，农药却很少。在乡村，人们会使用含有化学物质的农药。有些巴黎的养蜂人称巴黎蜜蜂的酿蜜量是世界第一。

小蜜蜂的生命力特别强。2019年，巴黎圣母院发生大火，而在楼顶筑巢生活的18万只蜜蜂却都存活了下来！

苍鹭体态修长，身姿优雅，嘴巴和匕首一样锋利，它们通常住在乡村。如今，在巴黎也能看到它们悠闲轻巧地在河流、池塘里踱步。它们还会去动物园的企鹅馆偷鱼吃。

瞧这严肃的表情，**河狸鼠**看上去总在沉思，或许是在琢磨自己为什么会来巴黎吧！这些住在河里的哺乳动物神似河狸，原产于南美洲，在一个多世纪以前被引进欧洲人工饲养，为的是贩售它们的毛皮。也不知道发生了什么，现在很多欧洲城市发现了野生河狸鼠，甚至在埃菲尔铁塔附近的草地上都能看到它们啃食植物的身影。在巴黎，它们没有那么多天敌，繁殖速度也很快。

河狸鼠一胎最多
能生 12 个宝宝。

一条大欧鲇差不多和
两个八岁的孩子加起来一样重！

两千多年前，人们第一次来到塞纳河畔的时候，河里有好多鱼儿和其他生物。但随着城市越变越大，河水也越来越脏。如今的塞纳河又变得清澈，成为**欧鲇**的家。欧鲇是一种头部扁平的大鱼。塞纳河里的甲壳类动物足够它们吃的，它们很快就长大了！和其他水生动物一样，河里的垃圾会伤害欧鲇，所以记住不要乱扔垃圾哟。

北京

北京像是一个巨型迷宫：幽深的院子里，孩子们嬉闹玩耍；人来人往的胡同里，自行车歪歪扭扭地驶过；高高的古建筑旁，公交车呼啸而过。在 600 余年前，这座城市正式命名为北京，成为中国的首都，现在是全球最大、最繁华的城市之一，处处都是乐趣。

看哪！是什么贴着路面飞过？

有什么东西沿着墙壁匆匆跑了过去？

在阴影里蹑手蹑脚的又是什么？

北京十分繁华，曾经空气污染严重，人们得戴上口罩掩住口鼻。空气污染影响了城市里的所有生物。市政府已经采取行动，建设城中公园、规划更多绿化。

一只长了猪鼻子的獾该叫什么名字呢？这可不是开玩笑，**猪獾**在北京可是真实存在的，它们十分特别。猪獾比欧洲的獾要小，大鼻子是粉红色的。你可能会在城郊的山林间看到它们。对猪獾来说，远离人类的地方才是舒适区，所以保护它们栖身的树林十分重要。

嘘！那是什么？是走路窸窸窣窣、浑身是刺的**东北刺猬**。它们十分害羞，在北京中心城区的公园和花园里筑巢、冬眠。城里的刺猬和乡村的刺猬生活方式稍有不同。城市里没有那么多空间给刺猬觅食，它们更容易受到人类的打扰。好在北京有很多它们可以吃的东西！如果你居住的城市有刺猬的话，可以把你家花园的一部分保持原生态，再把篱笆弄松一些，让小刺猬可以自由进出。

如果你看到一道黄色闪电消失在小巷深处，那可能是一只**黄鼬**，也叫黄鼠狼。它毛皮金黄，身材苗条，在夜晚最为活跃。它们喜欢住在胡同里。北京到处都是胡同这种窄窄的小巷。住在这里比在吵闹的大路上好得多。想要看到一只黄鼠狼需要运气和耐心。

位于北京中轴线中央的故宫是中国明清两代的皇家宫殿。如今，北京已经发生了天翻地覆的变化：光从1990年到2010年，人口就从1090万飙升至1960万！当城市发展如此迅猛的时候，动物就很有可能失去它们自然的栖息地。

你或许会看到一条蛇灵巧地钻过篱笆，一条蜥蜴哧溜蹿进院子里寻找遮蔽物。运气好的话你还能看到**无蹼壁虎**呢！无蹼壁虎的脚趾可以牢牢贴住墙壁、天花板，帮助它快速攀爬。灰色的斑纹能让它隐入周围的石头、墙壁等环境中。

在北京能看到约 **500 种鸟类**，因为北京是鸟类亚洲迁徙路线上的必经地之一。其中就有盘旋于空中的**北京雨燕**，它们每年只在春、夏两季过来待上几个月。北京雨燕年年都要来一场飞越半个地球的旅程，飞的过程中还会进食喝水，甚至还能休息！到了北京，它们就会在古老的宫殿和其他传统建筑的屋顶孵蛋，这一习性已经持续了几百年。然而，北京雨燕的数量越来越少了。

芝加哥

灯火通明的芝加哥坐落于密歇根湖畔。这儿有全球第一栋摩天大楼！芝加哥又名风城。这座大都市也吸引着各种飞禽走兽。

每年有 200 多种候鸟路
芝加哥，包括棕榈林莺
靛彩鹀。这座城市举世
名的摩天大楼建筑群对
些鸟儿来说却十分危险
霓虹灯会扰乱它们的感
所以芝加哥有一支小队
门负责救助夜间飞到高
里去的鸟儿。

芝加哥居然有**大型猫科动物**？千真万确！有时人们会在郊区看到这些罕见的**美洲狮**。在极少数情况下，它们会来到市中心附近。专家认为这些大猫是在寻找配偶或合适的栖息地，有一些迷了路。

呱呱呱！**青铜蛙、北方拟蝗蛙**还有其他 11 种蛙类都住在芝加哥地区。

在林肯公园动物园，你能看到漂亮的**夜鹭**，但它们不是动物园饲养的。一个有几百只成员的夜鹭大家族挑选了林肯公园动物园安家，在茂密的树林里享受生活。

主要在夜间出没的**郊狼**也学会了过马路要先左右看。有人看见它们出没在市中心。2007 年，有一只郊狼跑进一家三明治店，躺在放饮料的冰柜里。

白尾鹿常常会到城市边缘看看，那里有草地供它们觅食。白尾鹿几乎什么植物都吃，所以让园丁很是头疼。城郊地带没有那么多猎人和天敌，相对安全一些。

孟买

孟买这座印度特大型城市精彩纷呈，为你提供一场视觉、嗅觉、听觉的盛宴。道路水泄不通。人口超过 2100 万。这儿的天气炎热潮湿，熙熙攘攘的街上活动五花八门。街边的小摊上飘来浓郁的咖喱味儿，阳台上刚洗好的被单、衣物迎风飘扬，十字路口密密麻麻的三轮出租车你来我往。在这一片喧嚣之中，可能藏着你意想不到的动物。

在孟买，走到哪儿都离海不远。海浪里有神奇的动物出没。有时你能看到**座头鲸**和罕见的**灰白海豚**。2018 年，**丽龟**数十年间首次爬上孟买的维索瓦海滩筑巢。这些小海龟有着心形的壳，喜欢温暖的水。可是维索瓦海滩过去很脏，废弃塑料和其他垃圾到处都是。有一个志愿者小队花了两年清理海滩，然后丽龟们就回来啦！

水里面全是**火烈鸟**最爱的食物—— 一种蓝绿色的藻类。它们用大嘴一捞就直接吞入腹中。正是这种藻类所含的色素让火烈鸟的羽毛变成粉色的，有意思吧？2019 年来到孟买的火烈鸟数量比过去都要多。科学家认为城市污水导致水中藻类数量增加，所以吸引了更多的火烈鸟来这里觅食。这乍一听似乎是好消息，但这里的水要是因为藻类过多变得太臭太脏，可能就会枯竭了。

猴子是天才体操运动员。在印度像焦特布尔和斋浦尔这样的城市，猴子们会爬上铁道旁的信号杆，在屋顶间跳来跳去，还会溜进集市偷水果！孟买的猴子数量不多，但还是能在城市里看到**猕猴**荡来荡去觅食的身影。

印度的城市里生活着很多猴子，
因为它们的丛林家园被毁了，
除了城市无处可去。

过去 40 年里，孟买约 60% 的植被消失了，因此有几十种蛇类把家搬到了城市。蛇类很怕人类，所以很少有人见到过它们。孟买的一些**蛇类**是有毒的。孟买有一支训练有素的团队，负责把蛇安全地送回郊外。

在高空盘旋的**黑鸢**是孟买日常一景。一旦着火了，黑鸢就会飞来火灾现场，搜寻四散逃开的爬行动物和小型哺乳动物。

孟买有150多种蝴蝶，如美丽的**黑脉斑粉蝶**和**虎斑蝶**。蝴蝶偏爱城市里的绿地，跟着它们就知道哪里的空气最新鲜啦！

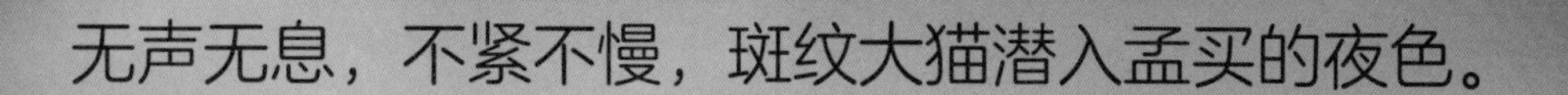

无声无息，不紧不慢，斑纹大猫潜入孟买的夜色。

说到孟买的动物，就不得不提**豹子**。说了你可能不信，在孟买的部分地区，每平方千米内豹子的数量超过全世界任何一个地方！它们多数时间都待在桑贾伊·甘地国家公园，入夜之后有时会潜入郊区，飞速掠过工厂、小区觅食。

豹子们知道垃圾会引来流浪的狗和猪……它们是大猫的理想美餐。孟买城郊已然成为这些豹子的狩猎场。

首尔

高科技城市首尔是钢筋、水泥、玻璃的世界。建筑物之间的电线宛如蛛网般纵横交错，街上的霓虹灯流光溢彩。这座韩国的首都人口接近1000万，却依旧有自然的一席之地。

和其他城市一样，首尔有成千上万只**流浪猫**，多数是家猫的后代。它们生活得很不容易，一些当地人会给它们喂食喂水。

2005 年，为了改善城市绿化，首尔市内一条河上的繁华大道被拆除了。如今人们来这里散步、划船、放松。在首尔南部不远处，就是把韩国和朝鲜分开的禁地。人们已经在那里发现 5000 多种动植物了！

这些**栗耳短脚鹎**已完全适应了城市生活。和其他居住在城市里的鸟儿一样，它们可以放开肚皮尽情吃喝，城市里有足够的食物。耳朵边的栗色羽毛就是它们名字的由来。

在森林里吃不饱的时候，有些**野猪**就会跑到首尔来觅食。2017 年，有两只迷路的野猪一路跑到了一家手机店里。

首尔的夏日必有蝉鸣。你可能看不见它们，但一定会听到**雄蝉**求偶时发出的尖锐声音，吵得和拉电锯似的！首尔有很多楼房，城市的温度更高，蝉就喜欢这样的环境。在这里，它们的声音听起来也更响亮，因为水泥和玻璃会导致回音。

卡尔加里

卡尔加里周围一片荒野。这座有名的加拿大城市坐落于落基山脉旁边，有很多开阔的绿地和两条蜿蜒的河流。漫步市中心的街头，就能体会到城市的快节奏。咖啡馆、画廊的顾客进进出出，繁忙的商店里售卖皮靴和牛仔帽，高楼林立，铁道纵横，红绿灯闪烁。自然和文明相聚于此，吸引了众多野生动物。

卡尔加里英格尔伍德鸟类保护区是一个在市区内的特别自然保护区。人们已经在此发现了270多种鸟类、21种哺乳动物和27种蝴蝶。快带上望远镜出发吧！

不是所有动物都能轻易地在城市找到食物。有 **1 万多只绿头鸭**会在卡尔加里的湖里过冬，因为这儿有高楼和工厂提供热源，比乡村暖和。不过这些神气的鸟儿遇到了难题，下雪的时候城市里很难找到食物，所以它们就飞到城外，去田野里找谷粒填饱肚子，吃饱之后再飞回更暖和的城里。有些动物住在城外，吃在城里，而聪明的绿头鸭反其道而行之。

2018 年的夏天，卡尔加里中部迎来了一位特殊的访客。穿行于路牌和街灯之间的**驼鹿**可不常见。哪里跑出来的驼鹿！这些腿长、个子高的生物在鹿科动物里体重排第一。神奇的是，它们一点儿也不怕城市。卡尔加里有很多绿地，会让驼鹿之类的动物觉得很安全。经过训练的野生动物专员还是会引导它们回林子里去。也有人看到驼鹿在卡尔加里机场附近吃草，在花园里嚼苹果呢！

雄性驼鹿每年夏天都会长出新的大角。

这堆刺里是不是藏着什么东西呀？当然啦！这是只会爬树的**美洲豪猪**，有圆溜溜的眼睛和扎人的刺。它们很喜欢卡尔加里的公园，因为这里的绿地面积足够它们生活，树皮和叶子也够它们吃的。当地的一个野生动物保护小队总是会收集人们不要了的圣诞树，送给豪猪当一顿大餐！

过去人们几乎从未见过这些神秘的野生猫科动物，最近几年，北美洲的**短尾猫**数量却上升了。其中一个原因是冬季升温。它们也越来越不怕人类。有人见过短尾猫蹿过后院或是在街上溜达。在卡尔加里，它们能找到食物，有时也会攻击宠物。短尾猫的咬合力极强，能够捕食比自己体形还大的动物，捕猎时通常会跳到猎物上方袭击它们。

成年短尾猫可以长到
家猫的两倍大。

在郊外，踩着隐秘步伐而来的是卡尔加里顶级的猎手。

郊狼是思维敏捷的杀戮机器，牙齿锋利，胃口极大。在卡尔加里建城之前，这块土地曾是郊狼的栖息地，不过这些聪明的动物适应得很好。从垃圾到宠物口粮，它们什么都吃，有时连宠物也不放过！郊狼的影子贯穿加拿大的历史。加拿大的原住民中就流传着有关郊狼的古老神话和传说。

白尾兔的灰毛在冬天会变白，能让它们和雪地融为一体。白尾兔一般活跃于日出、日落时分。而在卡尔加里，它们知道在日中活动才更安全，因为这一时段少有天敌出没，交通也不繁忙。

白尾兔最高时速为55千米，远超人类。

毛毛脑袋毛毛腿，身子圆圆像木桶。

没错，这是**美洲黑熊**。但悠闲路过购物中心的美洲黑熊可不常见！加拿大以美洲黑熊出名，它们一般住在大森林里。为了准备冬眠，它们会在秋天尽量多吃，囤积脂肪。饥饿的美洲黑熊知道在卡尔加里城郊能找到果树、浆果丛和垃圾桶。记得要离这些大家伙远远的，它们虽然看上去毛茸茸的，攻击力却很吓人。

人类建造了城市，城市也是为人类服务的。可野猪、狒狒它们不明白这些呀。人类和野生动物共享一片土地。没人可以勒令郊狼一直待在森林里，没有人可以阻止猛禽自由飞翔，也没有人可以拦着狐狸不让它上街溜达。

野生动物和人类的共处并非永远融洽。可它们和人类一样，只是在竭尽所能努力求生。人类的城市越来越大，我们需要想法子给彼此留出空间，才能在未来继续目睹这些大大小小的神奇动物在我们的城市里活动的身影。

单凭一个人也有多种办法做出改变。你可以从置办巢箱、堆放小小动物喜欢的木堆这样的小事做起。再厉害一点儿，你可以游说他人保护绿地，传授他人野生动物的知识。我们一定要理解、尊重身边的动物们，无论是小小老鼠还是大个子驼鹿！

下次你走在街上的时候，记得上下左右看一看，说不定会发现什么不可思议的动物呢！

图书在版编目（CIP）数据

每个生命都重要：身边的野生动物 /（英）本·勒维尔著；（英）哈里特·霍布迪绘；江彦慧译 . -- 北京：中信出版社，2022.4

书名原文：Wild Cities

ISBN 978-7-5217-4022-6

Ⅰ . ①每… Ⅱ . ①本… ②哈… ③江… Ⅲ . ①野生动物—少儿读物 Ⅳ . ① Q95-49

中国版本图书馆 CIP 数据核字（2022）第 033821 号

每个生命都重要——身边的野生动物

著　　者：[英] 本 · 勒维尔
绘　　者：[英] 哈里特 · 霍布迪
译　　者：江彦慧
出版发行：中信出版集团股份有限公司
（北京市朝阳区惠新东街甲 4 号富盛大厦 2 座　邮编　100029）
承 印 者：北京启航东方印刷有限公司

开　　本：889mm × 1194mm　1/16　　印　　张：4.5　　字　　数：55 千字
版　　次：2022 年 4 月第 1 版　　印　　次：2022 年 4 月第 1 次印刷
京权图字：01–2022–0637
书　　号：ISBN 978–7–5217–4022–6
定　　价：58.00 元

出　　品：中信儿童书店
图书策划：红披风
策划编辑：黄夷白
责任编辑：陈晓丹
营销编辑：张旖旎　易晓倩　李鑫橦
装帧设计：李晓红